**Imprint:**

Copyright © 2017 GRIN Verlag
Print and binding: Books on Demand GmbH, Norderstedt Germany
ISBN: 9783668567337


**This book at GRIN:**

https://www.grin.com/document/371777

# Adel Amar Amouri

# Amelioration Genetique des Plantes

GRIN Verlag

# AMELIORATION GENETIQUE DES PLANTES

## AIDE - MEMOIRE

**LMD**

**« Sciences Biologiques et Agronomiques »**

Ce modeste livre aborde une science assez importante pour le développement durable dans le  domaine de l'agriculture, c'est l'Amélioration Génétique des Plantes. Cette branche de la  biologie qui est d'un aspect multidisciplinaire a pour but de créer de nouvelles variétés de   plantes qui satisfait le besoins des populations de point de vue nutritionnel et santé publique,   ceci afin d'assurer une bonne sécurité alimentaire d'un pays à long terme. L'amélioration des   plantes est en continuel évolution surtout avec le développement des techniques récentes de  Biologie Moléculaire, du Génie Génétique, de la Génomique et de la Bioinformatique, qui ont  contribué efficacement et d'une façon rapide pour créer des variétés végétales nouvelles en se  basant sur la grande diversité végétale existante dans le monde.

Cet Aide mémoire donne une approche empirique et descriptive de la Génétique et l'Amélioration des Plantes depuis l'antiquité jusqu'à ce jour. Il est destiné principalement aux étudiants universitaires inscrits en LMD Sciences Biologiques et Agronomiques ayant une base  en génétique fondamentale et qui veulent s'initier dans ce domaine. Ce fascicule, peut être un  outil d'enseignement et un bon guide pour les étudiants impliqués dans la recherche scientifique agronomique.

# 1. Qu'est ce que l'Amélioration des Plantes ?

## 1.1. Définition de Jules Bouharmont

Selon Bouharmont (1994), une amélioration des rendements est indispensable pour faire face aux besoins croissants de l'humanité. Cette amélioration peut être très rapide pour des espèces récemment domestiquées (palmier à huile, hévéa).

Les progrès restent importants pour les céréales traditionnelles et d'autres plantes cultivées depuis des millénaires. Il existe cependant une limite : c'est la quantité de matière organique qui peut être produite dans une région donnée en fonction de la température et de l'insolation.

Un objectif constant est une répartition des produits du métabolisme de la plante en faveur des organes récoltés, limitant au maximum les déchets : chez les céréales, cette répartition implique un développement maximal du grain et un appareil végétatif réduit.

Le sélectionneur doit tenir compte non seulement de la productivité, mais aussi de caractères plus qualitatifs, comme la valeur nutritive, les propriétés organoleptiques et la composition des produits, l'esthétique, la résistance, la facilité de récolte, de transport, de conservation, le rendement à l'usinage.

En résumé, le sélectionneur doit se fixer un idéotype, une image idéale de la plante qu'il souhaite créer. Un idéotype très précis est cependant utopique, parce que trop de facteurs souvent contradictoires interviennent, entre lesquels un équilibre doit être trouvé.

D'autre part, la création d'une nouvelle variété demande généralement de nombreuses années, pendant lesquelles le sélectionneur doit être capable de modifier ses objectifs et ses méthodes pour s'adapter à des conditions nouvelles, corriger ses erreurs ou profiter de l'expérience de ces concurrents.

## 1.2. Définition de Yves Demarly

Selon Demarly (1996), il y a des centaines de milliers d'années, alors que l'un de nos ancêtres ramenait dans sa hutte des fruits pour les consommer en famille et laissait s'échapper des graines dans des détritus permettant une germination à proximité de l'habitation, l'amélioration des plantes était amorcée. Domestication inconsciente d'abord, jardinage ensuite, échanges, codification de l'agronomie, maîtrise des descendances renforcée par les premières lois génétiques, puis développement de l'amélioration des plantes en tant que science et éruption des biotechnologies.

Et pourtant la création d'une nouvelle variété est-elle une véritable science ? Dessiner le profil d'un idéotype répondant mieux aux besoins de l'homme et de ses industries est aussi œuvre artistique, intuitive, sensible autant au confort de l'utilisateur qu'aux potentialités techniques du matériau.

En revanche, c'est une science que de replacer l'objet rêvé dans le concret et de calculer la trajectoire la plus efficace et la plus économique pour aller du matériau-source jusqu'à cet idéotype. C'est dans ce compromis qui tient de la science et de l'art que se joue l'amélioration des plantes    (Fig. 1).

Les rendements de grandes productions telles que blé, betterave, maïs, colza, etc. ne cessent de progresser. On peut chiffrer statistiquement ce gain à 1% en moyenne chaque année.

Bien sûr une bonne partie de ces augmentations doit revenir aux améliorations pyrotechniques (engrais, traitements, machinisme). Mais des estimations de sources diverses annoncent que la moitié des gains réalisés doit être attribuée au progrès génétique, qui se traduit par l'introduction de nouvelles variétés. Si ces rendements sans cesse croissants ont parfois été obtenus au détriment de la qualité, cela ne constitue que quelques cas très particuliers.

La standardisation des blés impose des normes de valeurs boulangères bien définies qui n'ont pas freiné les gains de production, les valeurs diététiques de l'huile de colza ont progressé en même temps.

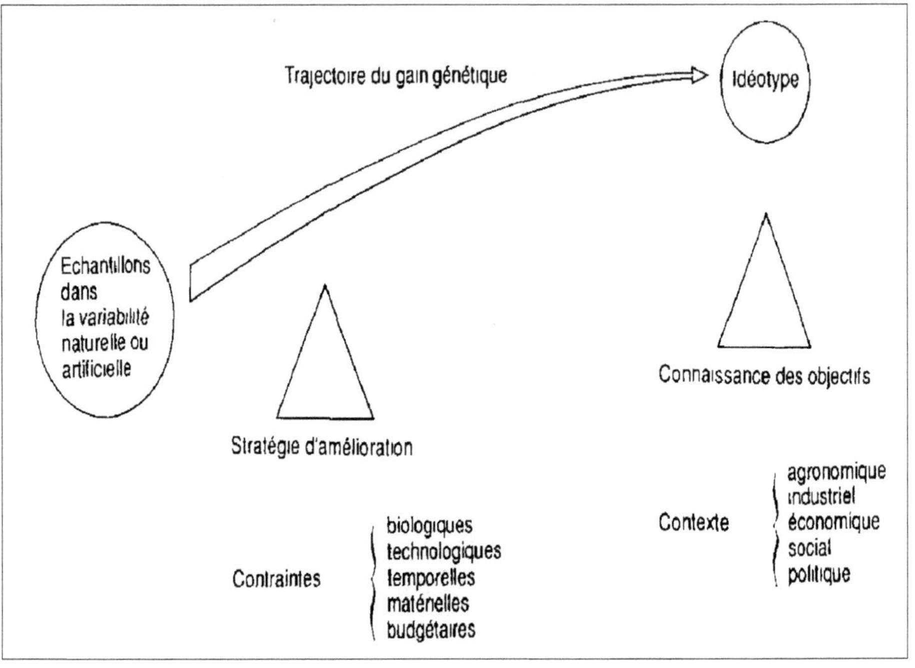


Fig 1. **Définition de l'Amélioration des Plantes** (Demarly, 1996)

## 1.3. Définition d'André Gallais

Selon Gallais (2015), l'homme a commencé à cultiver les plantes il y a 10 000 ans environs. Suite à de profonds changements climatiques qui ont eu lieu à cette époque, parce que ses activités de cueillette, chasse et pêche n'étaient plus suffisantes pour le nourrir, il est passé de l'état nomade à l'état sédentaire, et a commencé à récolter les produits issus des plantes qu'il avait semées.

Pour les espèces choisies, l'alternance du semis et de la récolte pendant de nombreux cycles a alors entrainé leur adaptation à la culture. C'est ce que l'on appelle la domestication des plantes. Elle constitue une sélection, à la fois par les conditions de culture, par les conditions de récolte et par les choix de l'homme qui a retenu et ressemé les plantes les plus adaptées à des goûts et ses besoins.

C'est bien la première forme de sélection opérée par l'homme pour mieux se nourrir, même si elle n'était pas toujours consciente.

Depuis cette période, le but de l'agriculture a toujours été de produire suffisamment, tant sur le plan quantitatif que sur le plant qualitatif, afin de mieux nourrir l'homme.

Dans les pays développés, celle-ci s'est intensifiée après la deuxième guerre mondiale grâce à l'utilisation d'engrais azotés de synthèse, au développement de la mécanisation et au recours aux fongicides, insecticides et désherbants.

Le problème est que les populations végétales naturelles, ou celles résultant de la domestication, ne permettent pas de répondre à toutes ces exigences.

L'amélioration génétique des plantes vise alors au développement de populations appelées variétés, qui soient, selon les espèces et les situations, plus productives, plus résistantes aux maladies et aux insectes, valorisent mieux l'eau et l'azote, soient mieux adaptées aux milieux de culture ou conditions d'utilisation (incluant la mécanisation) et possèdent de meilleures qualités (nutritionnelles, technologique,…).

Il s'agit de réunir dans une même variété le maximum de caractères, et donc de gènes, favorables pour les objectifs recherchés.


## 2. La Création variétale

La biodiversité se conserve mais se crée aussi. La création variétale peut être induite par l'hybridation ou le simple mélange entre deux ou plusieurs variétés choisies. La création variétale peut aussi être fortuite, c'est le cas des hybridations naturelles, des mutations naturelles... Les plantes ainsi repérées par l'homme peuvent être multipliées et sélectionnées pour donner naissance à de nouvelles variétés.

C'est l'ensemble des processus visant à rassembler des caractères d'intérêt au sein d'une nouvelle variété de plante cultivée. Ces caractères sont généralement recherchés chez des variétés déjà existantes ou chez des plantes sauvages de la même espèce ou d'espèces proches (Fig 2).


*« Les espèces présentent plusieurs variétés cultivées ou cultivars ».*


Cultivar ou « variété cultivée » : population artificielle au sein d'une espèce, caractérisée par:

- Une base génétique étroite (voire réduite à un génotype) ;
- Des caractères agronomiques homogènes bien définis ;
- Sa reproductibilité selon un schéma de sélection fixé et déposé.

## 2.1. Critères de sélection :

- Meilleure adaptation au milieu (froid, sécheresse, salinité… )

- Accroitre la productivité (objectif majeur de la révolution verte durant la seconde moitié du XX$^{ème}$ siècle)

- Améliorer la qualité nutritionnelle et l'appétence (composition biochimique, qualités organoleptiques, aspect…)

- Optimiser la transformation (décortication des graines plus facile, meilleure panification…)

- Optimiser la conservation et le transport et plus récemment : préserver l'environnement (résistance aux agents pathogènes, tolérance aux herbicides, meilleure utilisation des engrais ou de l'eau…)

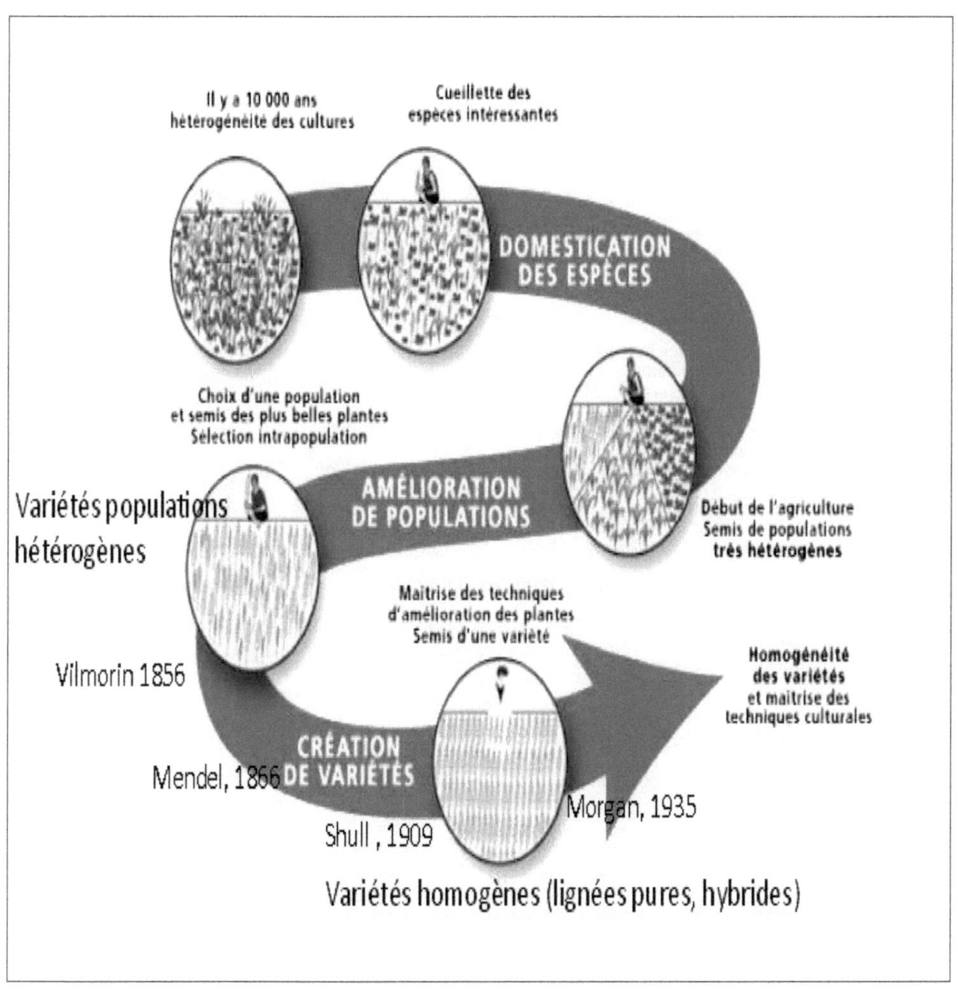


Fig 2. **Etapes de l'Amélioration des Plantes**. (gnis – pédagogie)

## 2.2. Les différents types de sélection :

### 2.2.1. *Sélection massale ou visuelle (jusqu'à la fin du 19<sup>ème</sup> siècle) :*

C'est la sélection dans la masse d'une population végétale selon des critères phénotypiques propres à chaque agriculteur qui cultive cette population. Cette technique ancestrale de sélection permet d'améliorer la valeur moyenne de l'ensemble des individus de la population.

Elle consiste à retenir, dans une population, certaines plantes avec des caractères intéressants dont les graines seront utilisées comme semences l'année suivante (Fig 3).

Selon Bouharmont (1994), cette méthode a longtemps été appliquée avec succès chez beaucoup d'espèces allogames. Elle consiste à récolter la semence destinée à la génération suivante sur les plantes qui correspond aux souhaits de l'agriculteur. Pour les caractères fortement héritables, la sélection est efficace, elle se traduit par une augmentation progressive de la fréquence des allèles favorables dans les populations ; elle est plus lente que chez les autogames, surtout lorsque plusieurs gènes sont impliqués. L'observation du phénotype suffit pour la couleur du fruit, la morphologie de l'inflorescence ou la précocité.

La sélection massale pour le rendement est plus difficile : un test de descendance portant sur quelques dizaines de plantes est nécessaire pour contrôler la valeur des individus repérés au champ.

Sélection visuelle des individus intéressants
&
Utilisation de leurs graines comme semences.

Les plantes sélectionnées sont différentes entre elles et d'une génération à l'autre
( **variétés populations**).

**Fig 3. Schéma de la Sélection Massale**

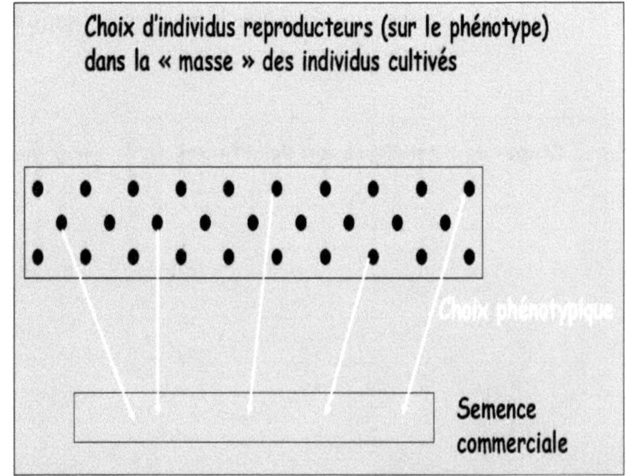

*2.2.2. Sélection moderne ou généalogique* (A partir du 20<sup>ème</sup> siècle) :

C'est un procédé qui consiste à croiser volontairement des plantes qui disposent de caractères que l'on désire perpétuer et/ou associer (Fig 4).

La découverte de la reproduction sexuée des végétaux (1676, Millington-Grew) puis la redécouverte des lois de Mendel (1865) par De Vries (1903) posent les bases scientifiques de la sélection moderne :

Les plantes peuvent être croisées, afin de combiner des caractères d'intérêt.

Après le premier croisement, la première génération (F1) est homogène, puis les caractères ségrégent (recombinaisons chromosomiques) dans les générations suivantes.

« *Certaines plantes présentent le caractère de l'un ou l'autre des parents, d'autres combinent ces caractères* »

Les semenciers réalisent des croisements dirigés et sélectionnent les descendants qui combinent les caractères désirés.

Ils isolent ainsi progressivement une nouvelle variété homogène (combinaison de caractères qui n'existe pas dans la nature).

*La sélection s'effectue donc sur les traits de la descendance plutôt que de la plante elle-même, on parle de « sélection généalogique ».*

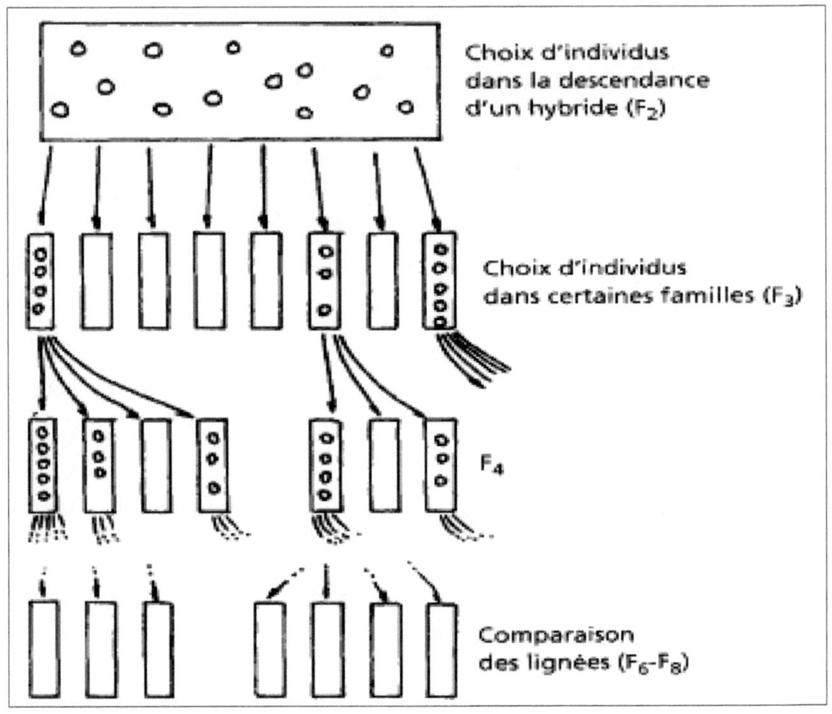


Fig 4. **Schéma de la Sélection Généalogique** (Bouharmont, 1994).

## 3. Sélection et hybridation

Selon Bouharmont (1994), l'améliorateur exerce, sur les populations hétérogènes, des pressions sélectives plus ou moins fortes, par élimination des individus qui s'écartent du type recherché ou choix de quelques plantes qui produiront la génération suivante (Fig 5).

Lorsqu'un caractère est très héritable, la sélection est généralement facile. Pour les autres caractères, l'observation d'un individu ne suffit pas, il faut contrôler sa valeur génotypique après multiplication clonale ou semis de sa descendance.

Les populations allogames sont suffisamment hétérogènes pour que la sélection y soit efficace. Chez les autogames, les variétés anciennes sont également polymorphes, mais les modernes sont très uniformes : dans ce cas, la recherche de nouvelles combinaisons génétiques est précédée de croisements entre plusieurs génotypes différents (Fig 6).

En général, il suffit d'obtenir quelques plantes hybrides : les fleurs sont castrées, isolées et pollinisées manuellement. On se contente souvent de combiner deux parents choisis pour leurs caractères complémentaires. Cependant, une population issue de croisements successifs entre un plus grand nombre de génotypes représente une source potentielle de combinaisons génétiques exceptionnelles.

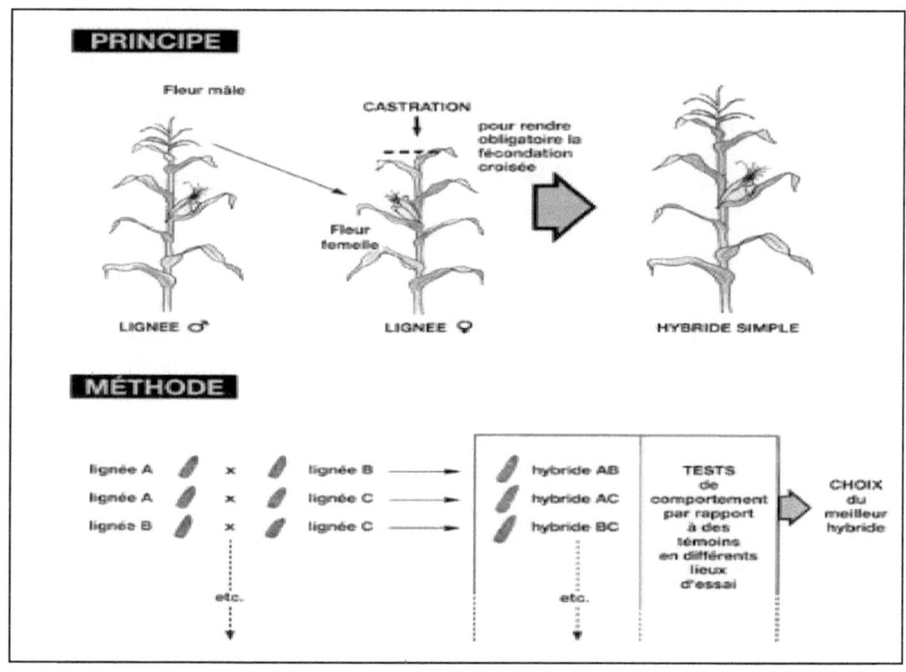


Fig 5. **Etapes de Fabrication d'un Hybride** (gnis – pédagogie)

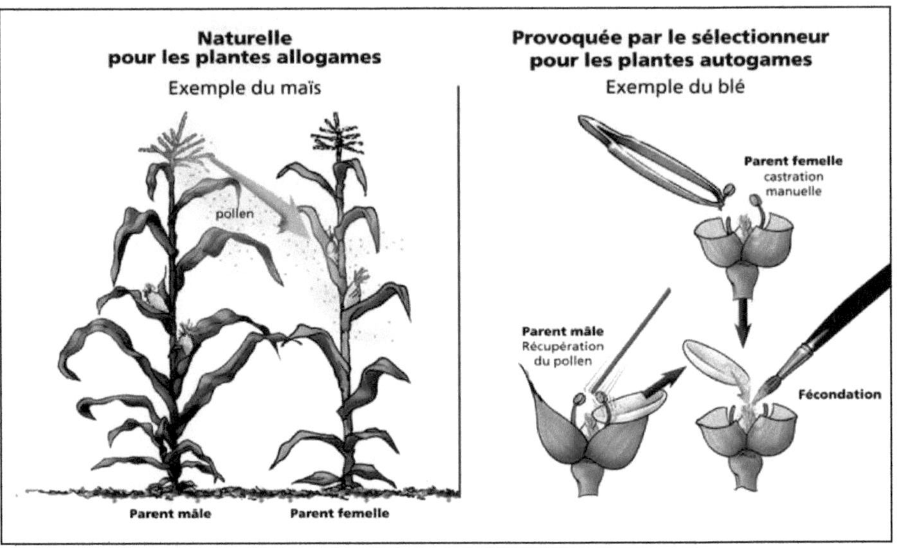


Fig 6. **Exemple d'Hybridation chez le Maïs et le Blé** (gnis – pédagogie)

## 3.1. Bases génétiques de la sélection

### 3.1.1. Dépression de consanguinité (Inbreeding) :

C'est une Baisse de vigueur et de fertilité des plantes liée à l'homozygotie résultant de l'autofécondation (liée notamment à l'expression de gènes récessifs délétères).

Selon Bouharmont (1994), chez beaucoup de plantes allogames, autofécondations et croisements consanguins réduisent plus ou moins la vigueur des plantes, leur fécondité et leur production.

Cette dépression est importante chez le maïs, où les meilleures lignées épurées (*inbred lines*) obtenues par autofécondation produisent deux fois moins que les populations initiales. D'autres espèces, comme la luzerne et la carotte, sont encore plus sensibles à l'autofécondation, qui provoque l'apparition d'un grand nombre de plantes létales.

D'autres espèces sont au contraire très peu sensibles à la consanguinité (seigle, tournesol, cucurbitacées) et il est possible d'obtenir des lignées pures non dégénérées.

La dépression s'explique, au moins en partie, par l'existence de nombreux allèles létaux récessifs (albinisme) ou d'allèles désavantageux, qui se manifestent seulement à l'état homozygote, donc surtout après autofécondation.

Selon Verrier *et al.* (2001) un individu est « consanguin » si ses parents sont apparentés entre eux. Certains régimes de reproduction induisent l'apparition systématique de consanguinité.

Certaines plantes, dites autogames, se reproduisent naturellement par autofécondation, ce qui conduit rapidement à une consanguinité proche de 100%. Plus généralement, la structuration d'une grande population en petites sous-populations qui se reproduisent sur elles-mêmes induit une élévation régulière de la consanguinité au sein de l'ensemble de la population et une différenciation des sous-populations les unes par rapport aux autres due à la dérive génétique.

Ce phénomène s'accompagne d'un déficit en hétérozygotes par rapport à ce qui serait attendu.

Au travers de la modification de la structure génétique des populations, les régimes induisant de la consanguinité ont des répercussions sur les caractères quantitatifs.


### 3.1.2. Vigueur hybride (Hétérosis):

L'effet d'hétérosis, appelé également vigueur hybride, c'est l'augmentation de la vigueur des hybrides par rapport aux parents, liée à l'état hétérozygote. Il se traduit par la supériorité pour de nombreux caractères de l'individu hybride (vigueur, rendement, résistance aux maladies et à la précocité) sur la moyenne des deux parents ou sur le meilleur des deux parents. Cette vigueur hybride est d'autant plus importante que les parents sont éloignés génétiquement.

En génétique végétale, le terme « hybride » désigne toujours le résultat du croisement entre deux populations parentales différentes appartenant à la même espèce. Lorsque l'union entre géniteurs appartenant à deux espèces différentes est pratiquée, on le précise en employant le terme d'hybridation inter-spécifique (Verrier *et al.* 2001). La création de lignées pures et stables, futurs parents de l'hybride, est un passage obligé pour la création de variétés hybrides homogènes et reproductibles exprimant le plus d'hétérosis. Ainsi, la création de variétés hybrides comporte deux phases qui aboutissent à la sélection des meilleures lignées :

> la création des lignées qui serviront de bon géniteurs ou de bon parents (issue de germplasm de qualité supérieures) au futur hybride par autofécondations successives, pour la fixation des caractères d'intérêt ;

> le choix des futures lignées parentales par le croisement des lignées avec un testeur pour déterminer leurs aptitudes à la combinaison, c'est-à-dire pour fabriquer la variété hybride selon les objectifs du sélectionneur.

Selon Bouharmont (1994), la vigueur des plantes est restaurée lorsque deux lignées provenant d'autofécondations sont croisées. Souvent, la vigueur est également accrue lorsque deux populations hétérozygotes sont croisées. Cette vigueur hybride ou hétérosis se traduit par un meilleur état général des plantes : croissance, rendement, précocité, tolérance aux parasites, aux conditions climatiques défavorables. La réunion, chez l'hybride, d'allèles dominants présents chez les parents peut expliquer en partie l'hétérosis. Certains auteurs privilégient cette interprétation, estimant donc que la plus grande partie de l'hétérosis peut être fixée à l'état homozygote (Galláis, 1988). Cependant, si les nombreux efforts faits depuis le début du siècle ont amélioré le niveau des lignées de maïs, la différence entre lignées épurées et hybrides ne s'est pas réduite. Bien que les mécanismes précis responsables de l'hétérosis restent inexpliqués, la superdominance reste la meilleure interprétation. La vigueur est attribuée à l'hétérozygotie des hybrides pour un nombre élevé de gènes (Bouharmont,1994) :

- Avantages : Hétérosis, homogénéité phénotypique, performances, homéostasie, garantie de  qualité semences.
- Inconvénients: Complexité de production des semences, impossibilité de les ressemer d'une  année sur l'autre, dépendance des agriculteurs, coût élevé des semences, problème de  l'homogénéité génétique pour la sensibilité à des pathogènes spécifiques

### 3.1.2.1. Les différents types d'hybrides

Le croisement de deux lignées permet l'obtention d'une variété appelée hybride simple. Un hybride simple peut être croisé avec une lignée bien choisie, pour obtenir un hybride trois voies, ou avec un autre hybride simple pour donner un hybride double (Fig 7) :

- L'hybride simple est plus délicat à produire car ses parents sont des lignées, mais l'hybride commercial est homogène et l'effet d'hétérosis maximum.

- L'hybride trois voies est plus facile à produire, généralement c'est l'hybride qui est choisi dans ce cas comme parent femelle. Ainsi, la production de semences est importante. Il permet aussi d'assurer une base génétique plus large à la variété finale, en combinant les caractères se trouvant sur trois parents.

- Les hybrides doubles moins performants que les hybrides simples et les hybrides trois voies ne sont plus commercialisés.

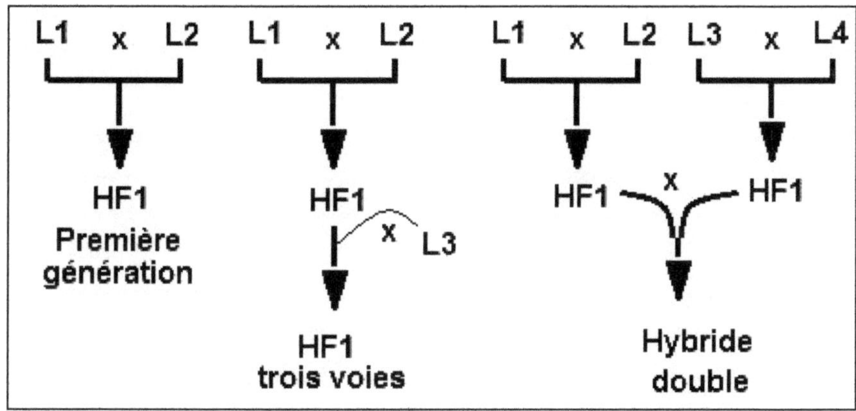


Fig 7. **Différentes Variétés Hybrides**

# 4. Comment introduire un nouveau caractère dans une variété élite ?

## 4.1 Introgression par hybridation puis rétrocroisement

Un caractère intéressant, tel que la résistance aux maladies, la tolérance au stress abiotiques, la stérilité, l'amélioration de critères de qualité, peut être présent dans une plante mais pas dans les lignées élites à la base des variétés commerciales. Le sélectionneur va chercher à créer une lignée identique à la lignée élite, mais possédant en plus ce caractère.

Pour obtenir ce résultat, le sélectionneur procède par rétrocroisement, encore appelé back-cross (Fig 8).

Pour cela, il réalise une série d'hybridations entre la lignée receveuse ou élite, et la lignée donneuse du caractère. Les descendants sont ensuite croisés pendant plusieurs générations par la lignée receveuse ou récurrente. Ceci permet d'augmenter la part de la lignée élite dans le fond génétique des descendants, tout en veillant à conserver le caractère intéressant par élimination des individus indésirable. Le résultat du rétrocroisement est l'obtention d'une lignée convertie, c'est-à-dire quasiment identique à la lignée élite receveuse, mais contenant en plus le caractère intéressant (Figure 7).

Chez les plantes de grande culture, seuls les hybrides entre deux espèces cultivées possèdent des qualités agronomiques acceptables. Même dans ces conditions, une tendance se dessine en faveur de l'élimination de la majorité des caractères d'un des parents (seigle, *caféier robusta*, *Oryza glaberrima*). L'objectif des croisements impliquant une forme cultivée et une spontanée est toujours le transfert d'un nombre limité de gènes de celle-ci vers les variétés cultivées. Les méthodes disponibles diffèrent selon le niveau d'homologie entre les génomes parentaux. Leur application demande généralement beaucoup de temps mais, quand un gène étranger est introduit dans une variété, il peut être ensuite transféré facilement à d'autres par back-cross. Lorsque les chromosomes de deux espèces sont capables de s'apparier et de former des crossing-over pour effectuer des recombinaisons génétiques, par exemple lors de croisements entre une plante cultivée et son ancêtre non domestiqué, les méthodes ne diffèrent guère de celles qui sont utilisées à l'occasion de croisements entre deux variétés, sauf que des problèmes d'incompatibilité et de stérilité se posent souvent. C'est de cette façon que de nombreux caractères ont été introduits chez la tomate à partir de quelques espèces sauvages (Bouharmont,1994).

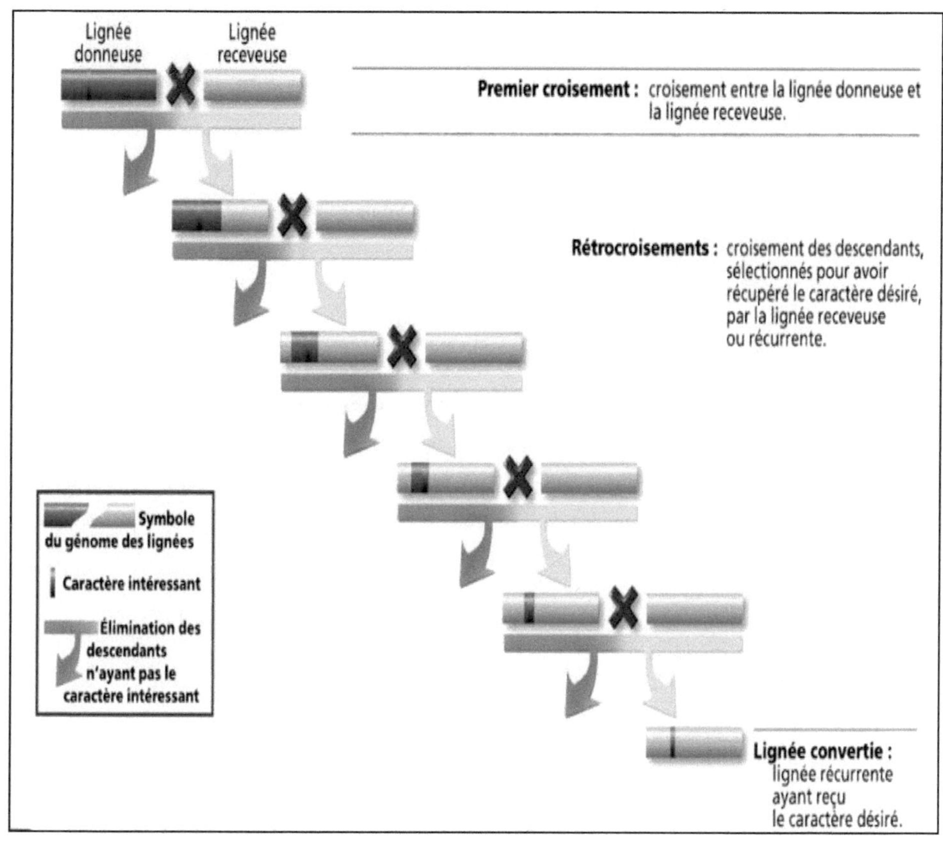


Fig 8. **Principe de l'Introgression** (gnis – pédagogie).

## 4.2. Introgression par transgénèse végétale

La transgénèse a fait une entrée retentissante en amélioration des plantes, car elle apporte la possibilité d'introduire des gènes qui n'existent pas dans l'espèce que l'on veut améliorer. Il en est ainsi des gènes de tolérance à des herbicides, ou de synthèse de molécule insecticide (Gaufichon *et al.* 2010).

La transgénèse ou transformation génétique est l'intégration dans un génome d'une molécule d'ADN exogène. Cette molécule peut être native ou construite. Un organisme ou une plante génétiquement modifié a un sens biologique très large, puisque tout être vivant est, par rapport à ceux qui l'ont engendré, génétiquement modifié par mutation et par recombinaison (Pelletier, 2012). La première plante transgénique cultivée est une tomate à maturation retardée (1993).

Le génie génétique désigne l'ensemble des techniques permettant d'introduire et de faire exprimer dans un organisme vivant un ou plusieurs gènes provenant de n'importe quel autre organisme. Les organismes ainsi obtenus sont dits Organismes Génétiquement Modifiés (OGM). On distingue les techniques de biologie moléculaire qui permettent de préparer les séquences d'ADN qui seront introduites, on parle de construction génétique, et les techniques de transgénèse qui permettent de transférer le gène.

C'est un cas où le transfert de gènes s'accompagne d'un transfert de caractère. Une copie du gène d'intérêt est introduite dans la plante. Son expression, par l'intermédiaire d'un ARN messager, entraîne la production d'une protéine, responsable du nouveau caractère.

Les exemples dans ce domaine sont nombreux : introduction d'un gène de résistance à des insectes, à des pathogènes, à des herbicides, modification de la composition des graines, production de molécules d'intérêt industriel ou pharmaceutique.

Les Etapes de la transgénèse (Fig 9 ) :

1$^{ère}$ étape : Identifier le gène d'intérêt : Connaitre la séquence et la fonction,

2$^{ème}$ étape : Réaliser une construction génique,

3$^{ème}$ étape : Transformation de la plante et régénération par culture in vitro,

4$^{ème}$ étape : Caractérisation des transformants : Choix des meilleurs individus, transfert et analyse en serre et au champ.

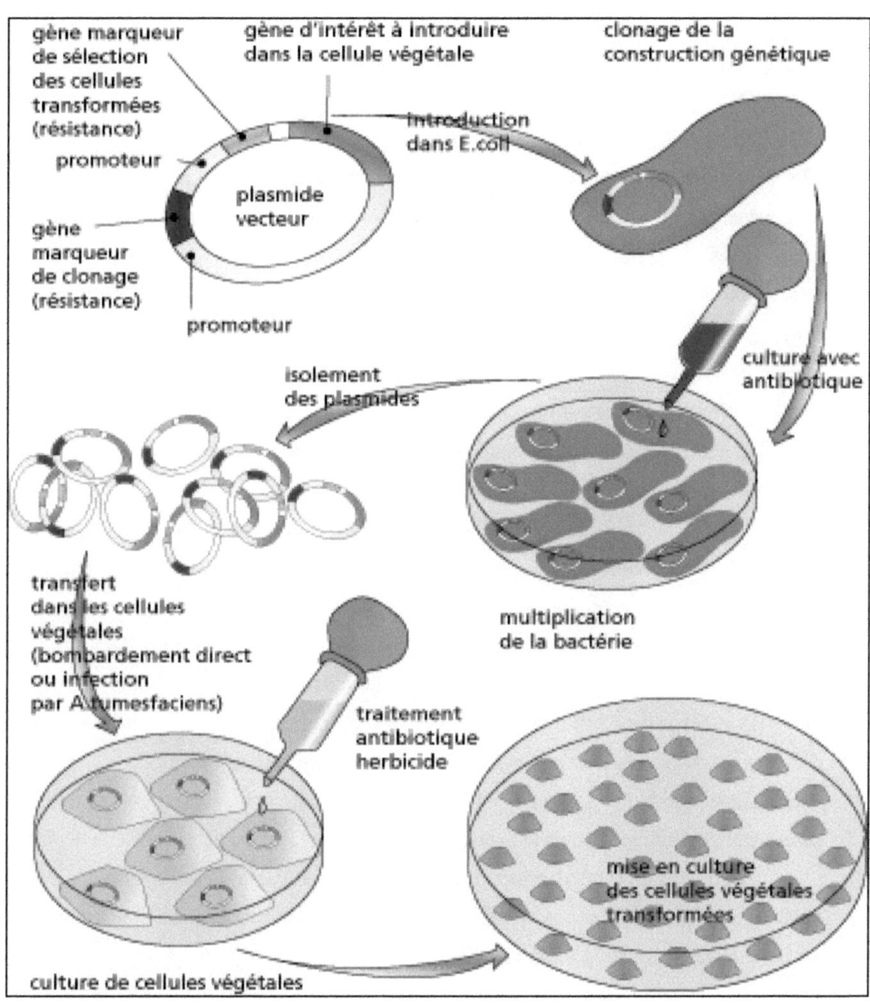


Fig 9. **Etapes de la Transgénèse Végétale**

## 4.3. Introgression via Agrobacterium tumefaciens

La transgénèse consiste à ajouter un nouveau gène dans un organisme. Chez les végétaux, plusieurs techniques de transgénèse ont été développées. La possibilité de régénérer une plante entière à partir de quelques cellules végétales est d'un grand intérêt lors de ces transgénèses.

Une des techniques les plus utilisées en transgénèse végétale est l'utilisation d'une bactérie du sol, *Agrobacterium tumefaciens*. Cette bactérie en forme de bâtonnet et de la famille des Rhizobium et à coloration de gram négative, renommée Rhizobium radiobacter (Young, 1889) est attirée par des composés phénoliques dégagés par les plantes dicotylédones lorsqu'elles sont blessées et provoque chez les plantes infectées une tumeur, la galle du collet ou crown gall (Fig 10 ; Fig 11).

Depuis l'Antiquité, on connaît une maladie, appelée "galle du collet", c'est-à-dire la formation des tumeurs dans la zone de liaison entre la racine et la tige qui atteint de nombreuses plantes cultivées comme les choux (*Brassica*) suite à des lésions entrainant une nécrose de la partie aérienne de la plante et finalement sa mort. Ceci est dues aux pratiques culturales (blessure, taille), aux facteurs climatiques (gel, grêle), ravageurs (nématodes, insectes), à des causes naturelles (cicatrices foliaires). Le grossissement démesuré de la tige des espèces végétales atteintes est l'un des symptômes caractéristiques et se traduit par le dépérissement de la plante. Depuis 1974, on sait que cette induction est due au transfert d'un petit ADN plasmidique depuis la bactérie jusque dans le génome des cellules de la plante.

Au niveau de cette blessure, *Agrobacterium* est capable de se fixer sur les cellules du végétal. A la suite de ce contact, ces cellules se multiplient de manière importante, donnant naissance à une formation tumorale. Les cellules de la galle libèrent des composés chimiques particuliers dans le milieu : les opines, molécules comprenant généralement un acide aminé lié à un sucre, servent de substances nutritives pour les agrobactéries et activent leur multiplication mais la synthèse de ces produits détourne certaines voies du métabolisme normale de la plante (Tourte, 2002). Les bactéries *Agrobacterium* présentes près de la galle, dans le sol, sont capables d'utiliser alors ces opines comme source d'azote, mais aussi de carbone et d'énergie (Weidner and Furelaud, 2003).

Le mécanisme de formation des galles s'apparente à la conjugaison, il est dû à un plasmide bactérien appelé plasmide Ti qui rend les bactéries virulentes (Fig 12).

Il y a trois classes de plasmides selon la nature de l'opine :

- les plasmides à octopine dont le sucre est le pyruvate et l'acide aminé soit l'arginine, l'ornitine, la lysine ou l'histidine ;
- les plasmides à agropine dont l'acide aminé est la glutamine généralement associée au mannose ;
- les plasmides à nopaline dont l'arginine ou l'ornitine se trouve liée à l'acétoglutarate.

Le plasmide Ti comprend plusieurs régions dont trois particulièrement importantes (Fig 13) :

- une région contenant l'origine de réplication ;
- une région correspondant à l'ADN de transfert (ADN-T), limité par deux bordures dites droite et gauche et contenant les oncogènes de la tumeur ;
- une région *vir* contenant divers gènes influant sur la propriété de virulence de la bactérie (capacité de reconnaissance des cellules végétales, pilotage du transfert de l'ADN-T jusqu'au noyau et son intégration dans le génome de la cellule végétale). Ces gènes *vir* situés sur le plasmide mais en dehors de la région de l'ADN-T sont indispensable au transfert. Il existe plusieurs gènes *vir* - au moins six- situés linéairement sur le plasmide, dans une région voisine de l'origine de réplication (Tourte, 2002) qui sont décrits dans le tableau suivant :

Tableau 1. **Fonction des gènes de virulence (*vir*) du plasmide Ti** (Tourte, 2002)

| Gènes *vir* | Fonction |
|---|---|
| *vir* A | Code la synthèse d'un récepteur du signal de blessure, sensible aux molécules (polyphénlos) libérées lors de la blessure. |
| *vir* B | Code la synthèse d'une protéine membranaire intervenant dans la formation du canal de transition de l'ADN-T de la bactérie vers la cellule végétale |
| *vir* C | Dirige la synthèse d'une protéine capable de diriger le transfert de l'ADN-T en se positionnant la tête de la molécule. |
| *vir* D (D1 et D2) | Responsable de la synthèse d'une endonucléase agissant au niveau des bordures et participant à la libération de l'ADN-T. |
| *vir* E | Code la synthèse de protéines de protection de l'ADN-T contre les nucléases |
| *vir* G | Responsable de la synthèse d'un facteur d'activation de la virulence |

Un fragment d'ADN du plasmide Ti, l'ADN-T est transféré de la bactérie vers la plante, puis intégré dans le génome végétal où il induit la formations des galles caractérisés par la multiplication anarchique des cellules végétales (Fig 14). Cette observation constitue le fondement d'une des techniques les plus utilisées en ingénierie génétique des végétaux pour produire des Organismes ou Plantes Génétiquement Modifiés, OGM ou PGM, respectivement (Fig 15). En 1983, les premiers tabacs transgéniques sont obtenus grâce aux agrobactéries simultanément par des équipes Belges et Américaines. La figure 16, résume les étapes de la transgénèse via *Agrobacterium tumefaciens*.

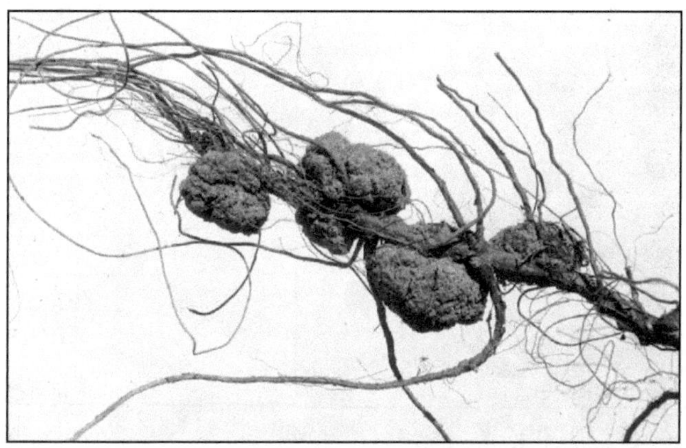

Fig 10. **Galle du Collet provoquée par** *Agrobacterium tumefaciens* **sur une racine de pacanier** (https://fr.wikipedia.org/wiki/Agrobacterium_tumefaciens).

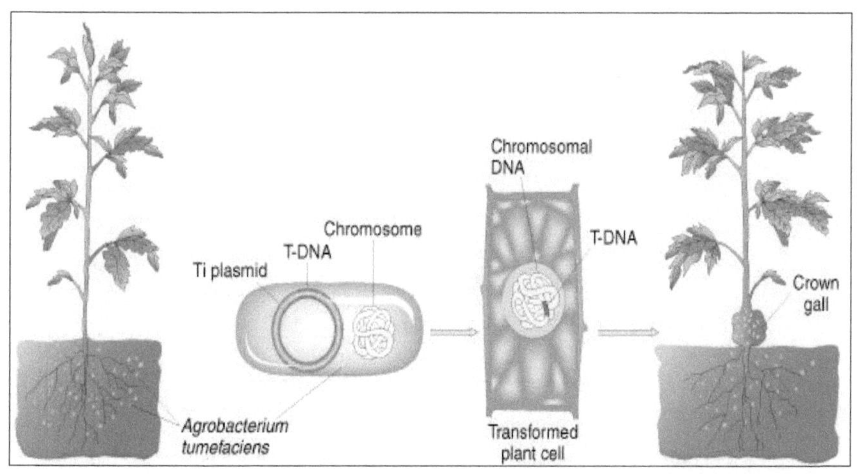


Fig 11. **Infection de la Plante par** *Agrobacterium tumefaciens* **et formation de la Galle du collet.**

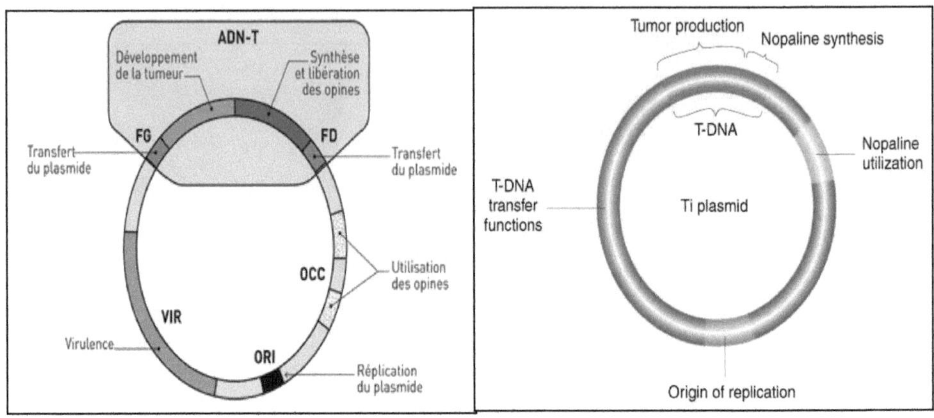



Fig 12. **Structure du Plasmide pTi (215 Kb)** (Weidner and Furelaud, 2003)

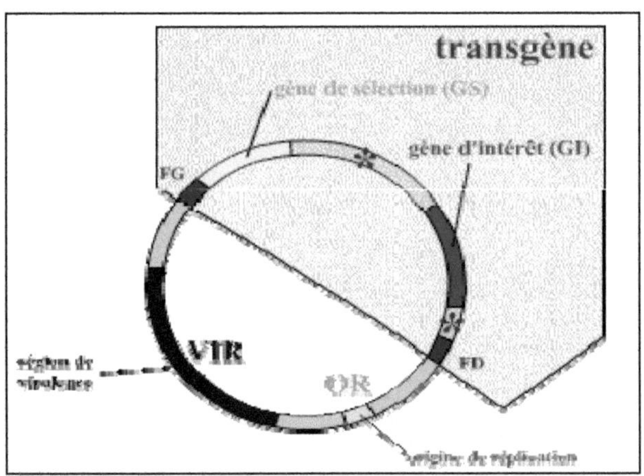



Fig 13. **Plasmide pTi** (désarmé) **: Vecteur de Transgénèse** (Weidner and Furelaud, 2003)

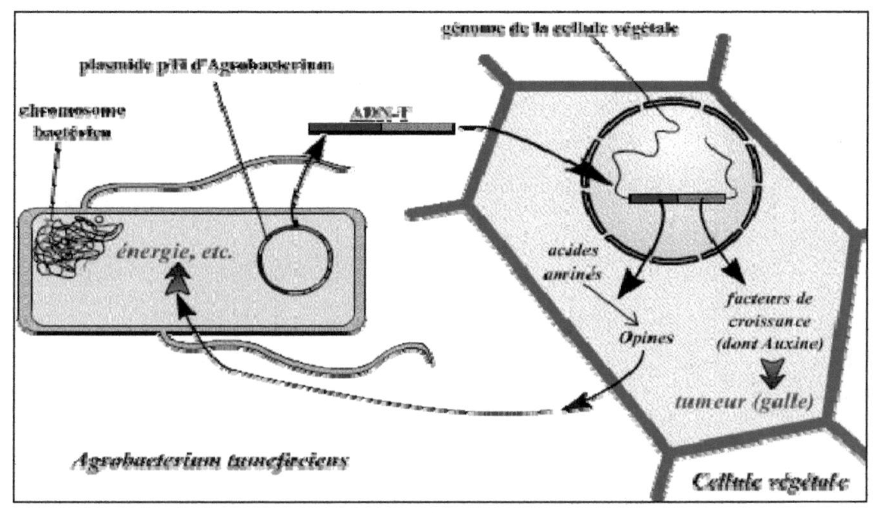# img



Fig 14. **Transfert ADN-T dans le Génome de la Plante**

**via *Agrobacterium tumefaciens*** (Weidner and Furelaud, 2003)

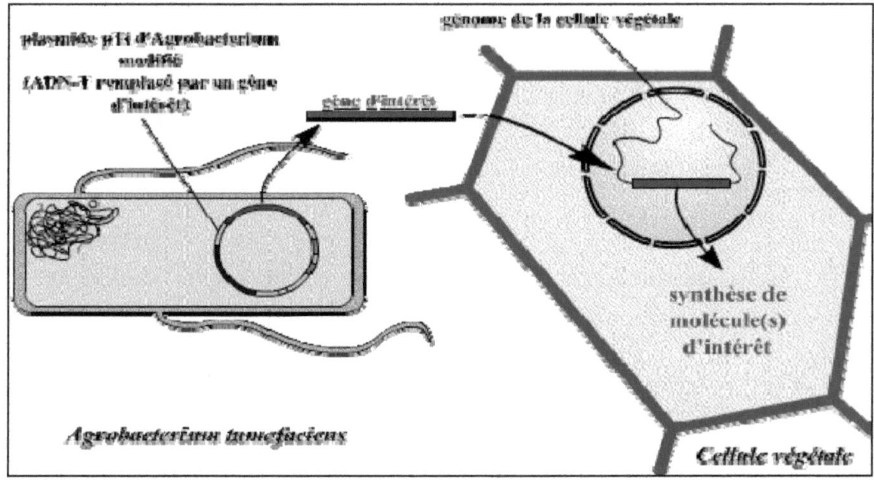



Fig 15. **Remplacement ADN-T par le Gène d'intérêt « PGM »**

(Weidner and Furelaud, 2003)

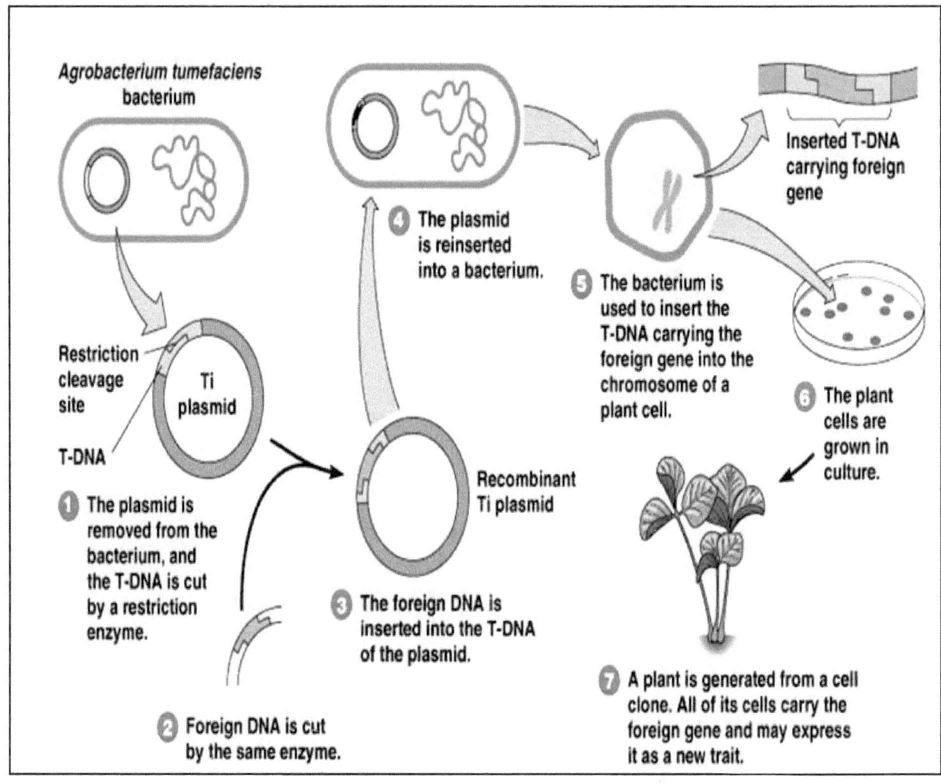


Fig 16. **Résumé des Etapes de la Transgénèse via** *Agrobacterium tumefaciens*

(2004, Pearson Education, inc, publishing as Benjamin Cummings)

1. Extraction Plasmide Ti + coupure ADN - T / Enzyme Restriction. 2. ADN Etranger (Insert) coupé / Même Enzyme. 3. ADN Etranger Inséré dans ADN -T Plasmide. 4. Plasmide Recombiné Réinséré dans l'Agrobactérie. 5. Bactérie Utilisé pour Insérer l'ADN - T transportant Gène d'intérêt (Etranger) / Chromosomes Cellules des Plantes. 6. Culture Cellulaire. 7. Régénération des Plantes à partir des Cellules Clones. Cellules transportent le gène d'intérêt : expression comme nouveau trait.

# Quelques Définitions Utiles :

### Agrobacterium :

Genre de bactéries qui parasitent les plantes par transfert d'une partie de leur plasmide, appelé ADN-T, dans le génome de la plante infectée.

### Allèle :

Partie de chromosome contenant le gène ou version d'un gène qui est transmis à la descendance.

### Allogamie :

Les plantes allogames sont des plantes qui ne s'autofécondent pas ou très peu. Le pistil de la fleur est accessible au pollen d'une autre fleur et peut donc être pollinisé par le vent ou les insectes. Dans ce cas, il peut y avoir croisement entre variétés et les graines peuvent ne pas reproduire la variété dont elles sont issues : il y a alors hybridation. Certaines plantes sont autocompatibles, c'est-à-dire qu'elles peuvent s'autoféconder s'il n'y a pas d'autre pollen disponible (allogamie préférentielle, ex : le tournesol). D'autres plantes dites auto-incompatibles, comme le chou, ne peuvent s'autoféconder : la fleur femelle d'une plante refuse le pollen de cette même plante, la plante est alors obligatoirement allogame.

### Autofécondation :

Fécondation d'un ovule par du pollen issu de la même plante.

### Autogamie :

Les plantes dites «autogames» se pollinisent elles-mêmes (autofécondation), le pollen d'une plante féconde l'ovaire de la même plante. C'est la forme de la fleur qui est responsable de cette protection contre la fécondation croisée entre variétés : la fleur étant relativement fermée, le pistil ne dépasse pas et donc le pollen extérieur ne peut pas pénétrer à l'intérieur et s'y déposer. Seul le pollen des étamines de la même fleur peut se déposer sur le pistil. De ce fait, il y a de fortes chances qu'il n'y ait pas de croisement entre deux variétés même si elles se trouvent côte à côte. Néanmoins, on devrait plutôt parler de plante à dominante autogame car il n'y a pratiquement aucune plante strictement autogame : il y a toujours quelques pourcents d'allogamie.

**Backcross :**

Croisement d'un hybride avec l'un de ses parents.


**Biotechnologie :**

Ensemble des méthodes et techniques qui utilisent des organismes vivants ou leurs composants  pour fabriquer ou modifier des produits, pour améliorer des végétaux ou des animaux, ou  pour développer des micro-organismes destinés à des applications spécifiques.


**Cellule hôte :**

Cellule hébergeant un matériel génétique étranger apporté par un virus, un plasmide, un ADN recombiné in vitro, ou une cellule entière.

**Clone :**

Cellule isolée, maintenue en culture et répliquée à l'identique pour permettre des études de biologie moléculaire et cellulaire.

**Clonage** :

Méthode de multiplication cellulaire in vitro par reproduction asexuée aboutissant à la formation d'individus génétiquement identiques appelés clones.

**Conjugaison** :

Transfert naturel d'ADN plasmidique ou chromosomique d'une cellule bactérienne à une autre par l'intermédiaire d'un pont cytoplasmique. Par extension, on parle de clonage de  gènes pour désigner la technique d'isolement et d'amplification de fragments d'ADN dans un clone cellulaire.


**Construction génétique :**

Séquence d'ADN destinée au transfert dans une cellule, comprenant un gène d'intérêt, les séquences promotrices et régulatrices indispensables à son expression et à sa régulation dans la  cellule receveuse et un gène marqueur.

**Chromosome :**

Structure contenue au sein du noyau des cellules de tous les êtres vivants, observable au cours des divisions cellulaires et porteuse de l'information génétique. C'est un constituant cellulaire formé d'une molécule d'ADN enroulée et associée à des protéines appelées histones.

**Domestication :**

Adaptation des plantes aux besoins de l'homme, adaptation des plantes sauvages à la culture.

**Enzyme de restriction** (Endonucléase) **:**

Enzyme bactérienne reconnaissant une séquence d'ADN spécifique, le site de restriction, et coupant les deux brins de la molécule d'ADN à l'intérieur de cette séquence.

**Espèce :**

Groupe d'individus ayant des caractères morphologiques, physiologiques et chromosomiques semblables et qui peuvent se croiser entre eux

**F1 :**

Ensemble des plantes issues du croisement de deux parents distincts

**F2 :**

Ensembles des plantes issues d'une plante F1 après 1, 2, n autofécondations forcées successives.

**Fixation des caractères :**

Action ayant pour but d'obtenir un matériel homozygote et stable, en général par autofécondations répétées à partir d'un matériel hétérozygote.

**Gène :**

Unité d'information génétique occupant une position spécifique (locus) dans le chromosome. Un gène est un segment d'ADN qui comprend la séquence codant pour une protéine, et les séquences qui en permettent et régulent l'expression. Les gènes déterminent ou influent sur l'expression du phénotype de l'être vivant (formes, couleurs, aptitudes diverses…). L'ensemble des gènes constitue son génome, ou patrimoine génétique (en anglais germplasm), héréditaire.

**Gène d'intérêt :**

Gène responsable d'un caractère jugé intéressant, que l'on va transférer dans un autre organisme.

**Gène marqueur :**

Gène dont l'expression permet le criblage des cellules qui le contiennent ou bien Gène qui confère à une cellule ou à un organisme une propriété simple permettant d'identifier et / ou de sélectionner les cellules ou organismes qui le portent.

**Génération :**

Espace de temps correspondant à l'intervalle qui sépare chacun des degrés d'une filiation

**Génie génétique :**

Ensemble de techniques permettant de modifier le patrimoine héréditaire d'une cellule par la manipulation de gènes in vitro (transfert de gènes d'intérêt).

**Génome :**

Ensemble des gènes, patrimoine héréditaire contenu dans chaque cellule de tout organisme vivant.

**Génotype :**

Constitution génétique d'un individu ou ensemble des caractères génétiques d'un individu. Son expression conduit au phénotype.

**Hétérosis ou vigueur hybride :**

Désigne le fait que le croisement de lignées ou de populations donne une descendance aux performances supérieures à celles des parents. Ces performances seront d'autant plus importantes que les parents (lignées, population) sont éloignés génétiquement.

**Hétérozygotie :**

Présence de deux allèles différents d'un gène sur les chromosomes homologues.

**Homozygote :**

Individu dont les cellules possèdent en double le gène d'un caractère donné. Cette propriété confère à l'individu qui la possède la capacité de transmettre à 100% de sa descendance le caractère. Une lignée fixée, ou lignée pure, est totalement homozygote. Elle transmet donc à 100% de sa descendance exactement le même patrimoine génétique

**Homozygotie :**

Présence de deux allèles identiques d'un gène sur les chromosomes homologues.

**Hybride :**

Un hybride est le croisement de deux individus de deux variétés différentes. L'hybridation est toutefois différente de la manipulation génétique dans la mesure où elle peut être provoquée par l'homme mais aussi se produire naturellement par les insectes ou le vent. *Hybride F1* C'est un hybride de 1ère génération (1ère année) présentant un mélange des caractéristiques génétiques des deux parents. Lorsque ceux-ci sont issus de lignées pures, il est très homogène. Ce genre d'hybride est retrouvé dans les catalogues des semenciers. *Hybride F2, F3...* F2 signifie qu'il s'agit de la 2ème génération d'un hybride, c'est-à-dire d'un ressemis d'individus issus d'hybrides F1. Ce ressemis va donner un ensemble de plants hétérogènes, certains ressemblant au F1, d'autres au «père» et d'autres à la «mère».

**Hybridation :**

Fécondation croisée de l'ovule d'une plante par du pollen d'une autre plante de la même espèce.

**Insert :**

Séquence d'ADN étranger introduite dans une molécule d'ADN donnée.

**Insertion :**

Addition d'une séquence d'ADN étranger dans une molécule d'ADN donnée.

**Intégration :**

Processus de recombinaison génétique qui insère une molécule d'ADN dans une autre.

**Marquage :**

Introduction de nucléotides modifiés, ou modification chimique de certains nucléotides d'un acide nucléique afin de pouvoir le repérer.

**Lignée pure :**

Une lignée pure est un ensemble d'individus ou population homozygotes possédant tous un  caractère commun fixé et pouvant le transmettre indéfiniment de génération en génération (ex :  des individus d'une lignée pure de tomate à fruit rond donneront en se reproduisant entre eux  une descendance à fruit rond).

**Locus :**

Emplacement occupé par un gène sur le chromosome.

**Plasmide** :

Molécule d'ADN extrachromosomique capable de se répliquer indépendamment et portant des caractères génétiques non essentiels à la cellule hôte.

**Plasmide recombiné** :

Plasmide dans lequel a été inséré un fragment d'ADN étranger.

**Plasmide Ti:**

Les principaux vecteurs utilisés de façon routinière pour produire des plantes transgéniques sont dérivés de la bactérie du sol *Agrobacterium tumefaciens*.

**Population :**

Une population est un ensemble d'individus de la même espèce se reproduisent librement entre eux au cours de leur vie dans un milieu biologique auquel ils sont adaptés.

**Précocité**

C'est une expression de la durée du cycle de développement d'une plante entre le semis et la floraison et la récolte à maturité. Plus la variété est précoce et moins elle a besoin d'unités de chaleur pour atteindre la floraison ou la maturité. Une variété très précoce a un cycle court par opposition à une variété tardive dont le cycle est long

**Recombinaison génétique :**

Echange entre séquences homologues de deux chromosomes conduisant à l'apparition dans une cellule ou dans un individu, de gènes ou de caractères héréditaires dans une association différente de celle observée chez les cellules ou individus parentaux.

**Résistance** :

L'origine de la résistance est généralement génétique et liée à la présence d'un gène de résistance. Les gènes de résistance peuvent être soit présents à l'état naturel dans certaines variétés soit introduits dans un hybride par rétrocroisement, soit présents dans d'autres espèces et introduits par transfert de gène comme dans le cas de la résistance à la pyrale du maïs qui est un papillon ravageur. Dans le cas d'une résistance, la variété se protège en réagissant contre ce qui la détruit (parasite, maladie,...). Il faut distinguer la résistance de la tolérance bien que les deux termes soient abusivement utilisés sans distinction (voir Tolérance)

**Sélection généalogique :**

Sélection basée sur l'obtention de lignées ou familles de lignées avec le choix des meilleures d'entre elles.

**Sélectionneur :**

Personne chargé pour les entreprises semencières de créer de nouvelles variétés. Egalement appelé obtenteur.

**Stérilité génique :**

Stérilité mâle déterminée uniquement par un ou plusieurs gènes nucléaires

**Stérilité mâle :**

Stérilité des organes mâles d'une plante par l'atrophie des étamines ou l'avortement plus ou moins précoce du pollen dans les anthères. Ceci ce traduit par l'absence de pollen ou du pollen non viable.

**Stérilité mâle cytoplasmique :**

Système de stérilité mâle qui met en cause à la fois le cytoplasme par des gènes mitochondriaux et des gènes nucléaires particuliers de stérilité ou de restauration de la fertilité.

**Tolérance :**

C'est l'aptitude d'une variété à supporter le développement d'un ravageur ou d'un agent pathogène sans que les désordres occasionnés compromettent sa croissance ou sa production : Tolérance aux stress biotiques et biotiques.

**Totipotence :**

Capacité pour une cellule de régénérer un individu complet identique à la plante mère. Elle repose sur l'aptitude à la dédifférenciation : les cellules peuvent redevenir des cellules simples, non spécialisées et se différencier ensuite pour donner à nouveau les différents types de cellules spécialisées

**Transgénèse** :

Ensemble des opérations qui consistent à obtenir des organismes transgéniques.

**Transgénique** :

Qualifie un être vivant issu d'une cellule dans laquelle a été introduit un ADN étranger. L'organisme transgénique possède dans la majorité ou dans toutes ses cellules l'ADN étranger introduit. Le gène étranger peut donc se transmettre à la descendance.

**Transformation génétique** :

C'est la modification héréditaire d'un génome à la suite de l'intégration d'une séquence d'ADN (transgène).

**Variétés :**

Une variété est un ensemble d'individus de la même espèce présentant entre eux plusieurs caractères héréditaires communs.

**Vecteur :**

Molécule d'acide nucléique dans laquelle il est possible d'insérer des fragments d'acide nucléique étranger, pour ensuite les introduire et les maintenir dans une cellule hôte (Ex : Plasmide )

# Références Bibliographiques


Gallais A., 2015. Comprendre l'amélioration des plantes.Enjeux, méthodes, objectifs et critères de sélection. Quae, Versailles, 240 p.

Bouharmont J., 1994. Agronomie Modèrne. Chapitre 13 : Création variétale et amélioration des plantes. Université catholique de Louvain, Louvain-la-Neuve, Belgique

Gaufichon, L., Prioul, J.L., Bachelier, B., 2010. Quelles sont les perspectives d'amélioration génétique de plantes cultivées tolérantes à la sécheresse ? Fondation FARM.

Demarly Y ., Sibi M., 1996. Amélioration des plantes et biotechnologies. Montrouge : J. Libbey Eurotext , 1996. 2$^{ème}$ éd. Collection Universités francophones.

Verrier E., Brabant Ph., Gallais A., 2001. Institut National Agronomique Paris-Grignon.

Georges P., 2012. Académie d'Agriculture de France. Séance du 5 décembre.

Young J M, L D Kuykendall, A Kerr et E Martínez-Romero., 2001. « A revision of Rhizobium Frank 1889, with an emended description of the genus, and the inclusion of all species of Agrobacterium Conn 1942 and Allorhizobium undicola de Lajudie et al. 1998 as new combinations: Rhizobium radiobacter, R. rhizogenes, R. rubi, R. undicola and R. vitis. », International Journal of Systematic and Evolutionary Microbiology, vol. 51, 1er janvier, p. 89-103 (DOI 10.1099/00207713-51-1-89.

Smith EF, Townsend CO., 1907. « A Plant –Tumor of Bacterial Origin », Science, vol. 25, no 643, avril, p. 671–3 (PMID 17746161, DOI 10.1126/science.25.643.671)

Weidner M, Furelaud G., 2003. La transgénèse grâce à *Agrobacterium tumefaciens*, Planet-Vie.

Tourte,Y., 2002. Génie génétique et biotechnologies : concepts, méthodes et applications agronomiques. Edt. Dunod, Paris, 241pp.

**Pour en savoir plus !**

Lien vers les sites web :

http://www.gnis-pedagogie.org

https://fr.wikipedia.org/wiki/Agrobacterium_tumefaciens

https://planet-vie.ens.fr/article/1483/transgenese-grace-agrobacterium-tumefaciens

http://www.snv.jussieu.fr/vie/dossiers/transgenese/agrobacterium/agro.htm